樋口愉美子的動物刺繡圖案集

樋口愉美子

前言

本書是以動物為主題的刺繡圖案集。

從貓、狗等身邊的寵物，到牧場、動物園的人氣動物等，

細心蒐羅的各種動物姿態，活躍在森林草原的動物、

可穩定靜觀的動物、穿著可愛服裝的動物、將其特徵簡化的動物等。

以一針針的刺繡，繡出五花八門、具個性的動物們，

討人喜歡的面貌、姿態、滑順毛髮等特徵模樣的手作，

富含令人意想不到的喜悅。

動物刺繡不同於給人清爽、潤澤感的花草刺繡，

更加充滿著親切感及愉悅感。

當刺繡完成時，建議可以替作品命名，

也可鑲入木框、畫框當作壁飾，或是當作生活雜貨使用。

由於是可帶來幸運的吉祥物，平常就帶在身邊使用，

不論是購物、旅行、上學、上班、第一次約會，

或許也會增加好運降臨的機會。

儘管有繡得完美的作品，亦有差強人意的，

但只要一直帶在身邊，就能鼓舞人心，

因為它就像是你的家人、朋友、你的分身一樣。

我認為刺繡具有不可思議的魔力。

即便是一針針細緻的手工作業，

也請大家滿懷情感、細心的製作吧！

樋口愉美子

Contents

Bear of the forest
斜背包
Page.80

在稍大的斜背包上，
繡上幽默風趣的森林動物們的故事，
由於使用低調色系，
不會太過華麗，適用於任何年紀。

Bird's paradise
迷你包

Page.81

令人聯想到優雅感,
鳥群樂園的豪華刺繡。
在摺成三褶的簡單迷你包上
加裝喜歡的繫繩,
裏捲後就能闔起。

Climbing monkey
爬樹的猴子

Page.62

12

帆布後背包（束口型背包）

Page.82

掛在落葉小灌木「蔦」上的猴子與香蕉、
穿插裝飾著椰子樹的帆布後背包。
淺灰與黃色調的配色，
無論大人、小孩，男女都適用。

隔熱墊

Page.83

為保溫茶壺製作的鬆軟隔熱墊，
繡上與原野小花嬉戲的野兔圖案，
呈現懷舊配色。
請享受與兔子們愉快的下午茶時光吧！

Wild reindeer

冬天的馴鹿

Page.64

簡單斜跨肩背包

Page.84
————

頸部白毛與大型頭角，
正是冬天馴鹿的特徵。
即使只有頭部也充滿存在感！
以馴鹿頭部規則排列的簡單構圖，
製成的縱長型斜跨肩背包。

Sheep of black face

黑臉的羊

Page.64

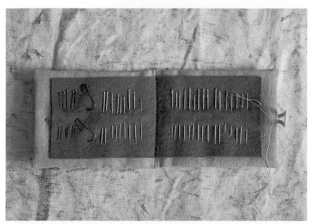

針線包

Page.85

像是搭配繡框般，
以沉穩配色製成的針線包。
由於中間夾著襯棉，
所以可不損傷地收納針。

Giraffe of savanna
熱帶草原上的長頸鹿

Page.65

20

香囊

Page.85

搭配體態優雅的長頸鹿，
加裝側身、蓬鬆裝飾的香囊。
請悄悄裝入喜歡的香草，
掛在櫥櫃裡吧！

迷你托特包

Page.86

在獵豹周邊配置著
生長於叢林中的樹葉、花。
托特包雖小,但作為夏天服飾的配件,
是具有存在感的。

Cat's face
貓臉

Page.67

問候卡

Page.86

以喜歡的貓咪圖案
製成小型問候卡吧！
只要改變顏色及花紋，
就能繡縫出各種貓咪圖案。
一旦調整眼睛的位置、嘴巴的配色，
表情也跟著變化。

25

Dogs and bones

狗與骨頭

Page.68

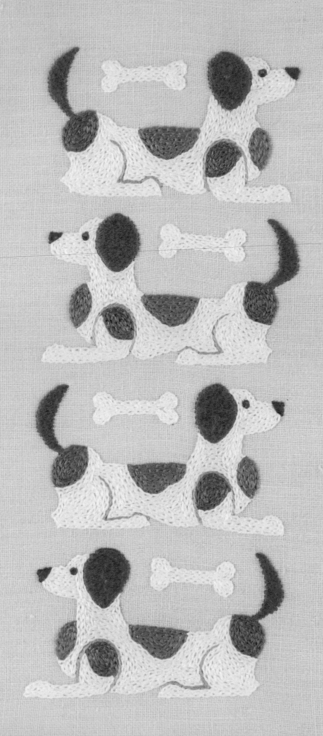

托特包

Page.87

可帶狗狗散步用的托特包。
狗與骨頭的主題圖，
也可分散配置在四處，
或是連續刺繡在一起也很可愛。

27

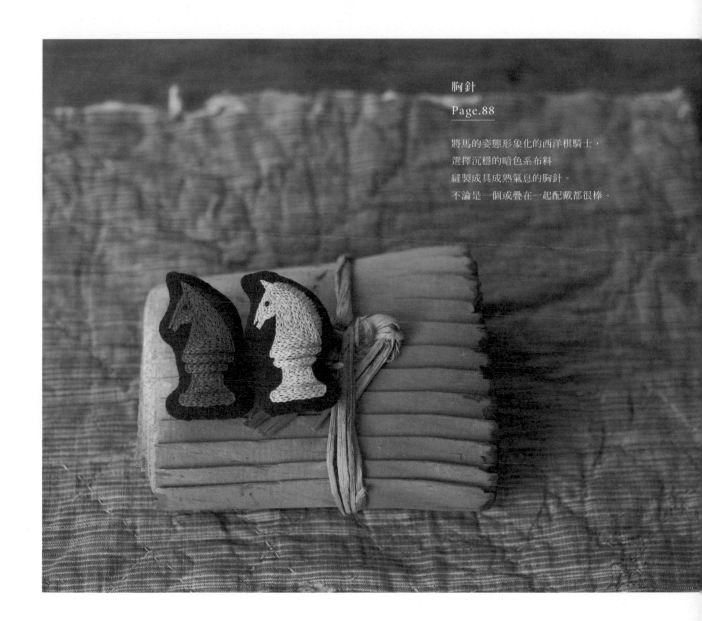

胸針

Page.88

將馬的姿態形象化的西洋棋騎士，
選擇沉穩的暗色系布料
縫製成具成熟氣息的胸針。
不論是一個或疊在一起配戴都很棒。

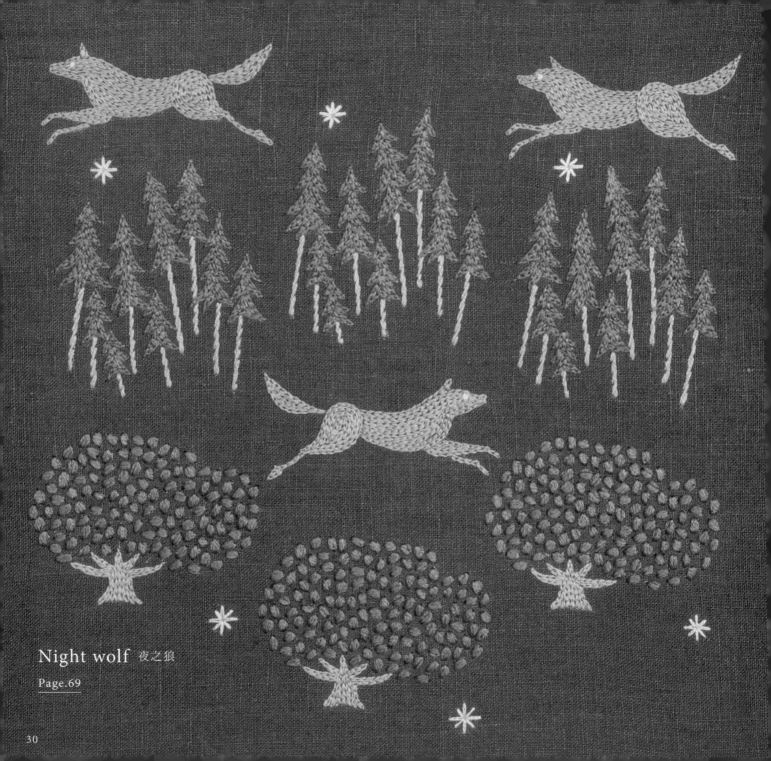

Night wolf 夜之狼

Page.69

30

圓型束口袋

Page.88

在夜晚森林中到處奔跑的狼之圖案。
製成渾圓、可愛的圓型束口袋。
在袋口穿繩就成為能收緊袋口的
束口袋型背包。

Owl and moon

貓頭鷹與月亮

Page.69

御守袋

Page.89

正面刺繡了貓頭鷹、月亮的
小型裝小物袋。
由於未加裝裡布，作法簡單，
即使手縫製作也沒問題。
也可當作小型贈禮。

33

三角旗

Page.90

採用表演騎球技藝、可愛大象圖案，
邊角加裝鈴鐺，響聲令人心情愉悅的三角旗壁飾。
將三角旗們連接在一起，也很可愛。

Deer emblem

鹿之徽章

Page.70

剪刀套
Page.91

整體典雅的氣氛真的很棒！
以夾在玫瑰花間兩頭鹿的徽章圖案，
加裝襯棉製成的剪刀套，
能好好保護重要的剪刀工具。

書籤

Page.91

圓滾滾的身體配上肉肉的熊掌，
可愛的熊布偶，
只要改一下設計就能變身成貓熊！
簡單的書籤作法，
推薦給不擅長縫製的人。

Zebra and cactus
斑馬與仙人掌
Page.74

Koala and eucalyptus leaves
無尾熊與尤加利樹葉

Page.71

耳朵毛髮濃密、攀爬在樹上的可愛無尾熊。
獨自佇立在幽暗中、熱帶草原的國王－－雄獅。
兩者都以繡框取代畫框裝飾。

Lonely lion
寂寞的獅子

Page.75

Squirrel and acorns
松鼠與橡實

Page.76

44

Carpet of camel

駱駝絨毯

Page.79

刺繡の基礎&
圖案&雜貨的作法

在此介紹書中使用的繡法，以及美麗完成刺繡的小訣竅。
也請參考圖案與雜貨的作法，完成個人風格的刺繡手作。

＊未指定的數字單位為cm。

Tools 工具

1. **複寫紙**
   將圖案複寫在布料上的複寫紙。畫在黑色等深色布上時，請使用白色複寫紙。

2. **描圖紙**
   描繪圖案的薄紙。

3. **玻璃紙**
   將圖案畫在布上時，避免描圖紙破損時使用。

4. **鐵筆**
   將圖案描繪在布上時使用，可代替原子筆。

5. **繡框**
   將布繃緊的用框，框的大小依圖案尺寸分別使用，建議使用拿繡框時，手指能達到框中央、直徑10cm大小者。

6. **穿線器**
   方便將線穿入針孔時的工具。

7. **穿帶器**
   製作布袋雜貨時，穿帶子用的工具。

8. **針&針插**
   25號繡線，使用法式刺繡針。依針的數量有適當大小的針插。

9. **剪線小剪刀**
   使用尖頭、刀刃薄的小剪刀會很方便。

10. **錐子**
    調整刺繡角度時，方便使用的工具。

11. **裁縫剪刀**
    請準備一把鋒利好剪的剪布專用剪刀。

Materials 材料

本書使用最常見的25號繡線。法國製的DMC繡線，特色是具鮮豔又亮麗的質感。

此外，以包包為主的作品，全部都用亞麻布製成。平織的亞麻布是很適合用來享受刺繡樂趣的素材，因為它容易刺繡、可水洗且觸感良好。亞麻布在裁剪前要先泡水，使布紋柔順平整後再陰乾。趁未完全乾時，以熨斗輕輕燙平。

依線的股數替換針的大小

若依線的股數替換針，就能繡得很順暢。
雖然也要依布的厚度換針，但在此介紹的是日本可樂牌針的標準用法。

25號繡線	刺繡針
6股	3・4號
3・4股	5・6號
1・2股	7～10號

刺繡 & 基礎縫法

介紹本書所使用的9種繡法，
以及漂亮完成作品的技巧。

Straight stitch
直線繡

描繪短線時的繡法。用來表現鬍鬚、頭髮
等。

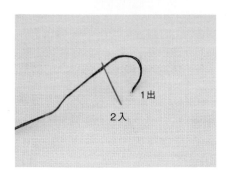

請繃緊繡框

布繃在框上時，若撐得不夠緊，布會變鬆而產
生皺紋。請將鎖頭鎖緊、布繃緊地進行刺繡。此
外，大型圖案請一邊挪動繡框刺繡。繡好部分要
繃在框上時，請加上襯布，以免刺繡花紋受損。

Outline stitch
輪廓繡

用來表現線、莖、樹枝等。能漂亮完成弧
形的精細刺繡。

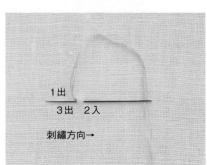

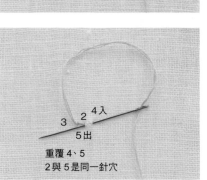

Running stitch
平針繡

描繪點線的繡法。以平針縫要領刺繡。

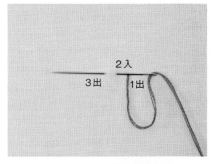

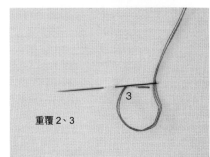

Chain stitch
鎖鍊繡

以連續的鎖鍊形狀表現線或面。請勿用力拉線，線鬆一點，才能繡出漂亮的鎖鍊。

Point 最後以雛菊繡收尾。

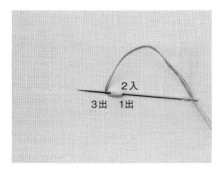

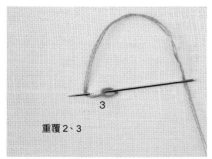

重覆 2、3

Lazy daisy stitch
雛菊繡

用於描繪小花的花瓣、葉子等小型圖案的刺繡。請勿用力拉線，膨鬆地刺繡。

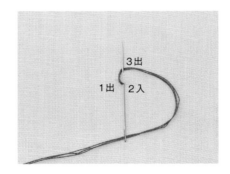

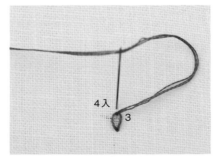

Lazy daisy stitch + Straight stitch
雛菊繡 + 直線繡

雛菊繡的中央來回多縫 1、2 次，以表現具分量感的圓形。

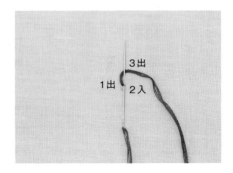

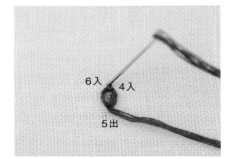

French knot stitch

結粒繡

基本是繞兩圈，並依線的股數調整結粒大小。由於形狀容易崩塌，所以最後再刺繡。

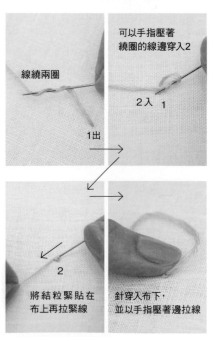

線繞兩圈

可以手指壓著繞圈的線邊穿入2

2入　1

1出

2

將結粒緊貼在布上再拉緊線

針穿入布下，並以手指壓著邊拉線

Satin stitch

緞面繡

將線平行穿縫，填滿面的刺繡。將線捻平整，整齊地穿縫，就能繡得很漂亮。

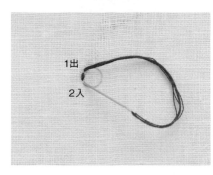

1出

2入

重覆1、2

Fly stitch

飛行繡

描繪V、Y的刺繡。表現出動物的鼻子或嘴巴。

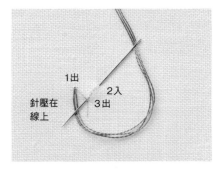

1出

2入

3出

針壓在線上

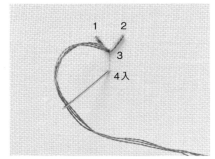

1　　2

3

4入

鎖鍊繡的技巧
繡滿平面①

緊密地填滿就很漂亮。

1

刺繡圖案的輪廓。

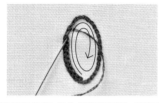

2

沿著繡好的輪廓，往內側繼續刺繡。若有空隙，最後以鎖鍊繡或輪廓繡將空隙部分填滿。

鎖鍊繡的技巧
繡滿平面②

內側也有輪廓線時的繡法。

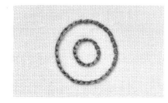

1

刺繡圖案外側與內側的輪廓線。

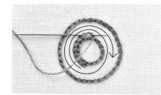

2

沿著內側的輪廓刺繡，朝外側方向刺繡。

鎖鍊繡的技巧
漂亮地繡尖角

以鎖鍊繡先刺繡好角的一邊，再轉個角度繡好另一邊。

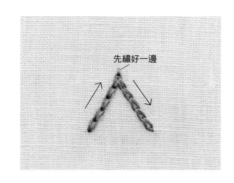

先繡好一邊

鎖鍊繡的技巧
漂亮地繡圓形

刺繡圓圈的收尾時，將線穿過一開始繡好的鎖鍊，整個圓圈的輪廓就會繡得漂亮。

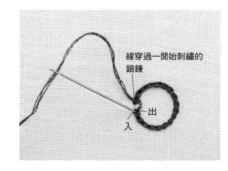

線穿過一開始刺繡的鎖鍊

出
入

輪廓繡的技巧
漂亮地繡弧形

重覆前進1針、回半針。訣竅就在弧形上的針腳繡得很細。

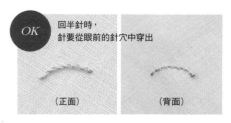

OK 回半針時，針要從眼前的針穴中穿出

（正面）　　（背面）

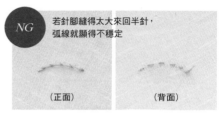

NG 若針腳縫得太大來回半針，弧線就顯得不穩定

（正面）　　（背面）

混搭2色線刺繡

以2色線刺繡，顏色看起來是混合的。用於表現松鼠的尾巴等動物的毛髮。

1

將2色的繡線分別依指定的線數剪成同樣長度對齊。

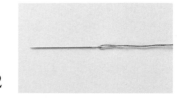

2

將1的線對齊穿過針。照常進行刺繡。

布邊的處理

先處理好布邊，避免刺繡時出現綻開等情況，作業就能順利進行。

針腳細的布：輕輕抽取布邊的織線，布的四邊先抽取掉約0.5cm。

針腳粗的布：布的四邊先粗略滾邊，也可以鋸齒型剪刀裁剪。

圖案的描繪方式

先在布上描繪圖案。描繪時，不要讓布的針腳歪斜地，沿著縱向紗線與橫向紗線配置圖案。

1
圖案上鋪描圖紙描畫。

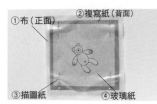

2
依圖片上的順序疊合，以珠針固定後，再以鐵筆描圖案。

①布（正面）
②複寫紙（背面）
③描圖紙
④玻璃紙

線的處理方式①

25號繡線依指定的股數，一股股抽出，整好線後使用。線不要有皺褶，要並排對齊。

1
以手指抓住一捆線內側的線頭，抽出60cm長度後，剪線。

2
1股股抽出必要線數，將線拉齊。

線的處理方式②

將必要股數的線對齊後穿過針孔，偶數股數與奇數股數的穿線方式不同。

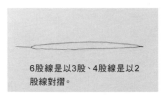

6股線是以3股、4股線是以2股線對摺。

偶數股線時：使用2股線時，將1股線穿過針、對摺後對齊線頭打結。

單數股線時：將必要的線數直接拉齊，穿過針，單邊線頭打結。

始縫結

在雜貨上進行刺繡時，開始繡縫時就要在線頭打始縫結。

1
線穿過針後，將針尖壓在線頭上。

2
線在針尖上繞2圈。

3
以指尖夾住線纏繞的部分，拔出針，將線拉緊就能打好始縫結。

換線

已有車縫線時，換線的處理方式。

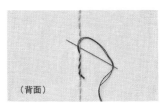

（背面）

將打了始縫結的線，繞在背面的車縫線上，從開始位置穿出線。之後再剪掉始縫結

開始刺繡①

鎖鍊繡、輪廓繡等描繪線的刺繡，一開始的處理。

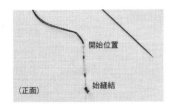

1 （正面）

朝刺繡開始位置，在圖案線上以半回針縫數針後，從開始位置穿出線。

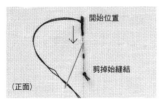

2 （正面）

像疊在1的針腳上般進行指定的刺繡，剪掉始縫結。

開始刺繡②

緞面繡等填滿面的刺繡，開始的處理方法。

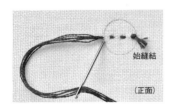

1 （正面）

朝刺繡開始位置，在圖案線內以半回針縫縫數針後，線從開始位置穿出。

2 （正面）

像要覆蓋1的針腳般進行指定的刺繡，剪掉始縫結。

刺繡收尾①

鎖鍊繡、輪廓繡等描繪線的刺繡的收尾。

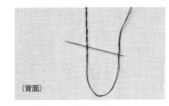

1 （背面）

線朝背面穿出，在針腳上穿縫。

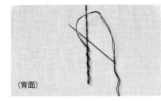

2 （背面）

線在針腳上繞數次圈後，剪掉線頭。

刺繡收尾②

緞面繡等填滿面的刺繡的收尾方法。

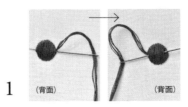

1 （背面） （背面）

線朝背面穿出，線穿過針腳下後，再次回針。

2 （背面）

剪掉線頭。

小物縫份的處理訣竅

先在小物的弧形縫份上剪牙口，翻回正面時，布就不會有皺褶，而能漂亮完成。請注意不要剪到車縫針腳。建議可以鋸齒型剪刀處理布邊。

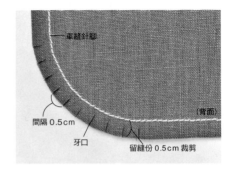

コ字縫縫合

用於縫合返口時，縫線不明顯的縫法。

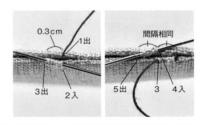

1

疊合凸起的摺痕，將打了始縫結的線從裡側往凸起的摺痕穿出。針穿入另一邊凸起的摺痕，將布拉緊。

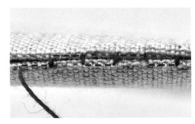

2

描繪コ字形似地縫合，最後收尾打結，線頭藏在裡側。

*儘管使用容易看見的紅線，但與表布是使用同色系的線。

57

Bear of the forest　森林的小熊

Page.8

動物先繡好眼睛、嘴巴的邊線，再繡上剪影的輪廓線，然後填滿內部。
刺繡的訣竅在於眼白留大一點，使眼睛不要顯得太小。

雛菊繡＋直線繡(6)
3033

法國結粒繡(6)
3033

輪廓繡
310

短線
是直線繡
310

法國結粒繡(6)
3033

直線繡
310

輪廓繡
310

短線
是直線繡
310

法國結粒繡(4)
3033

短線
是直線繡
310

輪廓繡
310

輪廓繡
310

直線繡(4)
3033

攤開後左右相對兩頁圖案的連接位置

◎DMC 25號繡線 — 310、3033
※動物的眼睛、鼻子是以法國結粒繡（4）310刺繡
※除了指定之外，一律進行鎖鍊繡（2）310 　※若未指定股數，一律使用2股線
※（ ）內的數字為股數，後面數字為DMC25號繡線的顏色號碼

平針繡（4）
3033

直線繡（6）
3033

攤開後左右相對兩頁圖案的連接位置

直線繡
310

法國結粒繡（4）
3033

輪廓繡
310

雛菊繡＋直線繡（4）
3033

輪廓繡
310

59

Bird's paradise 鳥之樂園

Page.10

全部鎖鍊繡部分→輪廓繡部分的順序。
填滿鳥的眼睛部分時，請另外用線以法國結粒繡(4)刺繡眼睛。

雛菊繡＋直線繡（4）

攤開後左右相對兩頁圖案的連接位置

法國結粒繡
（6）

雛菊繡＋直線繡（6）

◎DMC 25號繡線 — 712
※鳥的嘴巴以直線繡（2）刺繡
※植物部分的粗線以輪廓繡（4）、細線以輪廓繡（2）刺繡，「●」是以法國結粒繡（6）刺繡

※除了指定之外，一律進行鎖鍊繡（2）
※（ ）內的數字為股數，後面數字為DMC25號繡線的顏色號碼

攤開後左右相對兩頁圖案的連接位置

直線繡（2）

法國結粒繡（6）

雛菊繡＋直線繡（4）

雛菊繡＋直線繡（6）

61

Climbing monkey 爬樹的猴子

Page.12

從鎖鍊繡部分開始。先刺繡猴子的臉部、肚子、耳朵，
接著以鎖鍊繡刺繡整個身體，最後繡眼睛、鼻子。

◎DMC 25號繡線 — 645、648、842、310、733、505、739、611
※除了指定之外，一律進行鎖鍊繡（2）
※（ ）內的數字為股數，後面數字為DMC25號繡線的顏色號碼

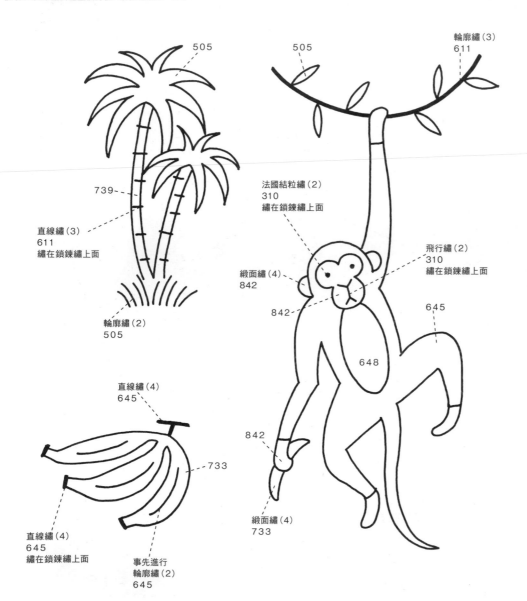

505

輪廓繡（3）
611

505

739

直線繡（3）
611
繡在鎖鍊繡上面

法國結粒繡（2）
310
繡在鎖鍊繡上面

飛行繡（2）
310
繡在鎖鍊繡上面

緞面繡（4）
842

842

645

輪廓繡（2）
505

648

842

直線繡（4）
645

733

直線繡（4）
645
繡在鎖鍊繡上面

事先進行
輪廓繡（2）
645

842

緞面繡（4）
733

Dancing rabbits

跳舞的兔子

Page.14

兔子從眼睛繡起。
以法國結粒繡繡好中心後，
以輪廓繡仔細刺繡周邊一圈。
最後以鎖鍊繡刺繡整體。
腳及身體重疊部分需留空隙。

◎DMC 25號繡線
　— 3031、ecru、739、3051、
　3777、823、830、310
※植物的莖以輪廓繡（2）刺繡
※除了指定之外，一律進行鎖鍊繡（2）
※（ ）內的數字為股數，
後面數字為DMC25號繡線的顏色號碼

直線繡(4)
310繡在鎖鍊繡上面

腳及身體重疊部分
請留空隙

法國結粒繡(4)
823

3031

法國結粒繡(4)
739

-3051

緞面繡(4)
739

法國結粒繡(4)
310

輪廓繡(2)
ecru

法國結粒繡(4)
739

3051

3051

雛菊繡+直線繡(6)
3777

3031

雛菊繡+直線繡
(6)
3031

3031

雛菊繡+直線繡
(4)
830

法國
結粒繡(6)
823

-3051

法國結粒繡(4)
3031

直線繡(6)
3777

3031

3051

隔熱墊的紙型線

雛菊繡+直線繡(2)
3051

63

Wild reindeer 冬天的馴鹿

Page.16

角的緞面繡部分，從中央的軸繡起。接著刺繡臉部的鎖鍊繡部分。
繡完鎖鍊繡後，再刺繡耳朵、眼睛、鼻子、嘴巴。
頸部的冬天毛髮以輪廓繡呈放射狀繡滿。

◎DMC 25號繡線 — 926、08、ecru、310
※線的股數未指定部分，一律使用6股線
※（ ）內的數字為股數，後面數字為DMC25號繡線的顏色號碼

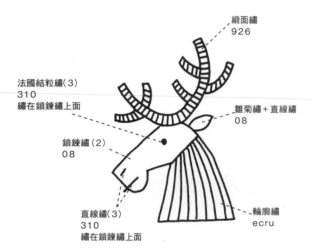

緞面繡
926

法國結粒繡(3)
310
繡在鎖鍊繡上面

雛菊繡＋直線繡
08

鎖鍊繡(2)
08

直線繡(3)
310
繡在鎖鍊繡上面

輪廓繡
ecru

Sheep of black face 黑臉的羊

Page.18

從黑線的鎖鍊繡部分繡起。
接著，將耳朵、眼睛、鼻子平衡地繡在鎖鍊繡上面。
為繡出身體毛茸茸的質感，要以輪廓繡細緻地刺繡。

◎DMC 25號繡線 — 310、712、3790
※線的股數未指定部分，一律使用2股線
※（ ）內的數字為股數，後面數字為DMC25號繡線的顏色號碼

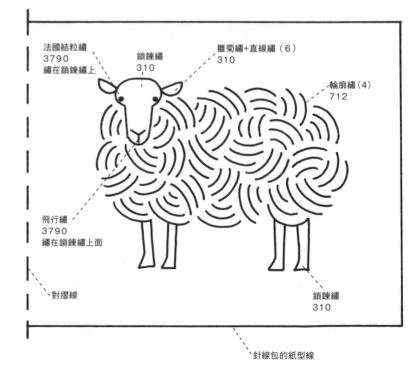

法國結粒繡
3790
繡在鎖鍊繡上

鎖鍊繡
310

雛菊繡＋直線繡（6）
310

輪廓繡（4）
712

飛行繡
3790
繡在鎖鍊繡上面

對摺線

鎖鍊繡
310

針線包的紙型線

Giraffe of savanna 熱帶草原上的長頸鹿

Page.20

這是有點難度的圖案。
從身體的鎖鍊繡開始刺繡,接著以緞面繡繡滿身體花紋。
眼睛、鼻子、腳蹄、鬃毛等最後刺繡。長頸鹿繡完後,
先刺繡腳下草皮的鎖鍊繡部分。最後刺繡是樹木的葉子。

◎ DMC 25號繡線 ── 712、829、938、520、522、310、610
※ 長頸鹿的眼睛以法國結粒繡(4),睫毛和鼻子以直線繡(2)刺繡,
　　全部都是使用310刺繡在鎖鍊繡上面。
※ 除了指定之外,一律進行鎖鍊繡(2)
※ 線的股數未指定部分,一律使用2股線
※ ( )內的數字為股數,後面數字為DMC25號繡線的顏色號碼

緞面繡(4)
938

法國結粒繡(4)
829

直線繡(4)
829

緞面繡(4)
829

712

712

輪廓繡
712

712

直線繡(4)
938

712

610

520

緞面繡(4)
938
繡在鎖鍊繡上面

直線繡
522
繡在鎖鍊繡上面

雛菊繡 + 直線繡(4)
520

輪廓繡(4)
938

65

520

輪廓繡
543

輪廓繡890
繡在鎖鍊繡上面

迷你托特包的紙型線

520

法國結粒繡(4)
3046

3687

法國結粒繡(6)
543

法國結粒繡3371
繡在鎖鍊繡上面

輪廓繡(3)
869

緞面繡3371
繡在鎖鍊繡上面

833

3046

890

3046

直線繡
3371
隨機地刺繡在鎖鍊繡上面

腳與身體重疊部分
要留空隙

3046

輪廓繡
890

520

520

890

對摺線

Cheetah in jungle 森林中的獵豹

Page.22

獵豹是從鎖鍊繡部分繡起。
腳與身體重疊部分請留空隙。
花紋是在鎖鍊繡上面隨機地繡縫小型直線繡。
植物也是從鎖鍊繡部分開始刺繡，
法國結粒繡請最後刺繡。

◎DMC 25號繡線
— 833、3046、3371、869、890、520、3687、543
※植物的粗莖是以輪廓繡（4）刺繡
※除了指定之外，一律進行鎖鍊繡（2）
※線的股數未指定部分，一律使用2股線
※（ ）內的數字為股數，後面數字為
DMC25號繡線的顏色號碼

直線繡（4）
3021
繡在鎖鍊繡上面

733
08
310
310
緞面繡（6）
ecru
3865

407
645
407
3865
794
緞面繡（6）
ecru

緞面繡（6）
645
3812
310
648
648
648

645 733
緞面繡（6）
648
310
310

緞面繡（6）
738
310
310
310
310
3828
3812
直線繡（4）
829
繡在鎖鍊繡上面

Cat's face 貓臉

Page.24

首先從眼睛開始。以法國結粒繡刺繡好中心之後，
以鎖鍊繡繡滿周圍一圈。
以緞面繡繡好鼻頭、臉頰部分後，
再以鎖鍊繡進行整個臉部的刺繡。鼻子、嘴巴、鬍鬚則最後刺繡。
鼻子是以粗的直線繡、嘴巴則以細的直線繡
均衡地刺繡在緞面繡上面。

◎DMC 25號繡線
—3865、ecru、310、733、407、794、648、645、3812、08、3021、738、3828、829
※貓的眼睛，中心以法國結粒繡（6）310、周圍則是以鎖鍊繡（3）刺繡
※貓鼻子的線是直線繡（6）、嘴巴的線是飛行繡（3）、鬍鬚則是以直線繡（1）刺繡
※除了指定之外，一律進行鎖鍊繡（2）
※（ ）內的數字為股數，後面數字為DMC25號繡線的顏色號碼

310
407
794
3021
3865
緞面繡（6）
ecru
829

310 645 733
緞面繡（6）
ecru
3865
407

Dogs and bones 狗與骨頭

Page.26

從耳朵及尾巴的緞面繡繡起。接著以輪廓繡刺繡腳和身體重疊的粗線部分，
並刺繡鎖鍊繡的各部分。眼睛、鼻子最後刺繡。

◎DMC 25號繡線 — 3865、3799、801、829、08、07
※狗的眼睛以法國結粒繡（4）、鼻子以緞面繡（4）、刺繡，
　兩者都是使用3799號線刺繡在鎖鍊繡上面
※除了指定之外，一律進行鎖鍊繡（2）
※（）內的數字為股數，後面數字為DMC25號繡線的顏色號碼

Horse chess 西洋棋騎士

Page.28

在以鎖鍊繡填滿身體之前，
先刺繡輪廓繡的部分。
完成鎖鍊繡後，再刺繡鬃毛的緞面繡。

◎DMC 25號繡線 — 3031、829、310、02、03
※馬的眼睛以法國結粒繡（2）、鼻子以直線繡（2）刺繡，
　兩者都是使用310號線刺繡在鎖鍊繡上面
※線的股數未指定部分，一律使用2股線
※（）內的數字為股數，後面數字為DMC25號繡線的顏色號碼

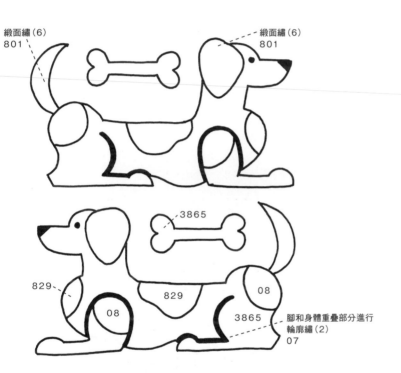

緞面繡（6）
801

緞面繡（6）
801

3865

829

829

08

08

3865

腳和身體重疊部分進行
輪廓繡（2）
07

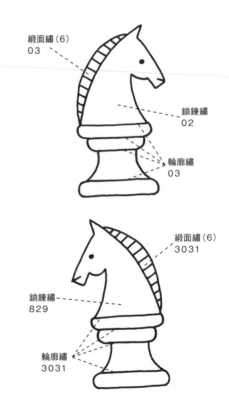

緞面繡（6）
03

鎖鍊繡
02

輪廓繡
03

緞面繡（6）
3031

鎖鍊繡
829

輪廓繡
3031

Night wolf 夜之狼

Page.30

需以鎖鍊繡刺繡很多細尖角的圖案。
盡可能將細尖角繡得尖銳就會完成得很漂亮。
最後再刺繡立體的部分吧！

◎DMC 25號繡線 — 3768、733、319、3790
※除了指定之外，一律進行鎖鍊繡（2）
※線的股數未指定部分，一律使用2股線
※（ ）內的數字為股數，後面數字為DMC25號繡線的顏色號碼

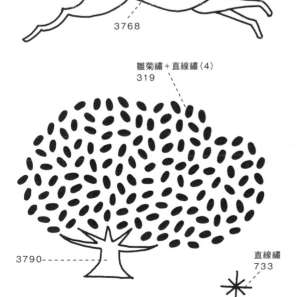

319

輪廓繡（3）
3790

繡在鎖鍊繡上面
法國結粒繡
733

3768

雛菊繡＋直線繡（4）
319

3790

直線繡
733

Owl and moon 貓頭鷹與月亮

Page.32

一開始先刺繡眼睛。以法國結粒繡繡好中心後，
再以鎖鍊繡刺繡周邊一圈。
之後，從眼睛周邊的鎖鍊繡，
依貓頭鷹身體、樹枝的順序刺繡。
最後刺繡毛色、嘴巴、爪。

◎DMC 25號繡線 — 3865、834、310、08、07、3371
※除了指定之外，一律進行鎖鍊繡（2）
※線的股數未指定部分，一律使用2股線
※（ ）內的數字為股數，後面數字為DMC25號繡線的顏色號碼

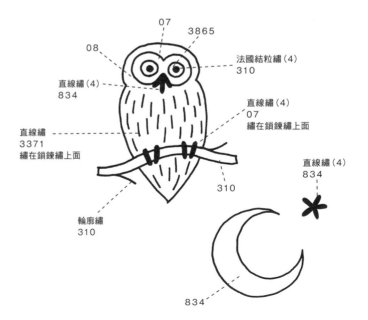

07

3865

08

法國結粒繡（4）
310

直線繡（4）
834

直線繡（4）
07
繡在鎖鍊繡上面

直線繡
3371
繡在鎖鍊繡上面

310

直線繡（4）
834

輪廓繡
310

834

69

Elephant circus 馬戲團大象

Page.34

先以輪廓繡刺繡耳朵與背部的絨毯裝飾。
再刺繡鎖鍊繡部分。
進而刺繡帽子、眼睛、嘴巴即完成。

◎DMC 25號繡線 ─ 22、712、646、310

※大象的眼睛以法國結粒繡（2）310、嘴巴以直線繡（2）712刺繡，
　兩者都刺繡在鎖鍊繡上面

※除了指定之外，一律進行鎖鍊繡（2）

※（ ）內的數字為股數，後面數字為DMC25號繡線的顏色號碼

Deer emblem 鹿之徽章

Page.36

從鹿身體的鎖鍊繡部分繡起。鹿背部的花紋、蹄
都繡在鎖鍊繡上面。玫瑰從中央的輪廓繡繡起。
由於有很多弧線，要仔細進行

◎DMC 25號繡線 ─ ecru、829、3031、500、407

※植物的粗線以輪廓繡（4）、細線以輪廓繡（2）刺繡

※除了指定之外，一律進行鎖鍊繡（2）

※線的股數未指定部分，一律使用2股線

※（ ）內的數字為股數，後面數字為DMC25號繡線的顏色號碼

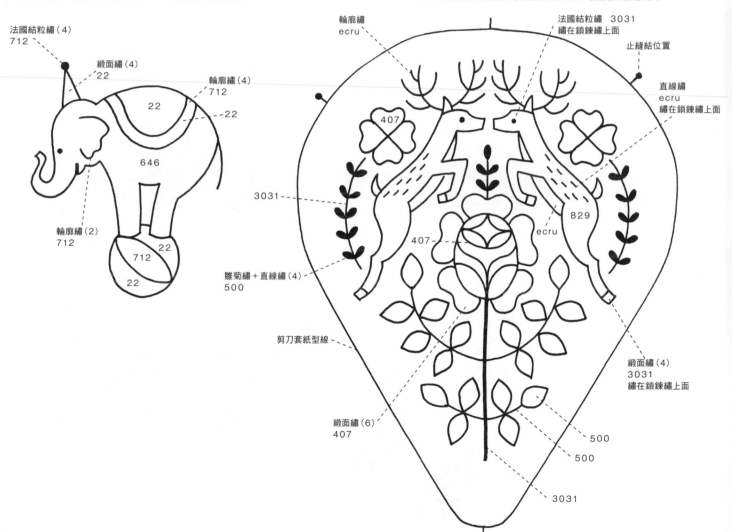

法國結粒繡（4）
712

緞面繡（4）
22

輪廓繡（4）
712

22

22

646

輪廓繡（2）
712

22

712

22

輪廓繡
ecru

法國結粒繡　3031
繡在鎖鍊繡上面

止縫結位置

直線繡
ecru
繡在鎖鍊繡上面

407

3031

雛菊繡＋直線繡（4）
500

407

829

ecru

緞面繡（4）
3031
繡在鎖鍊繡上面

剪刀套紙型線

緞面繡（6）
407

500

500

3031

70

Teddy bear and panda 泰迪熊與貓熊

Page.38

先刺繡熊臉中心部分的鎖鍊繡、手掌的緞面繡。
接著以鎖鍊繡繡滿整個身體。
產生空隙時，就以鎖鍊繡或輪廓繡填滿吧！
貓熊是從眼睛的鎖鍊繡繡起。
耳朵以鎖鍊繡繡後，最後刺繡眼睛、鼻子、肚臍、爪子。

◎DMC 25號繡線 ─ 3866、613、08、310
※熊與貓熊的嘴角、肚臍、熊腳上的爪是以直線繡（2）310刺繡，
　一律都繡在鎖鍊繡上面
※除了指定之外，一律進行鎖鍊繡（2）
※線的股數未指定部分，一律使用2股線
※（　）內的數字為股數，後面數字為DMC25號繡線的顏色號碼

Koala and eucalyptus leaves

無尾熊與尤加利樹葉

Page.43

從鼻子的緞面繡繡起，接著刺繡臉、身體的鎖鍊繡。
耳朵是使用2色的線刺繡（p.55），以鎖鍊繡繡滿，接著刺繡葉子。
最後別忘了無尾熊的爪子。

◎DMC 25號繡線 ─ 3866、01、03、08、07、844、310、501
※除了指定之外，一律進行鎖鍊繡（2）
※線的股數未指定部分，一律使用2股線
※（　）內的數字為股數，後面數字為DMC25號繡線的顏色號碼

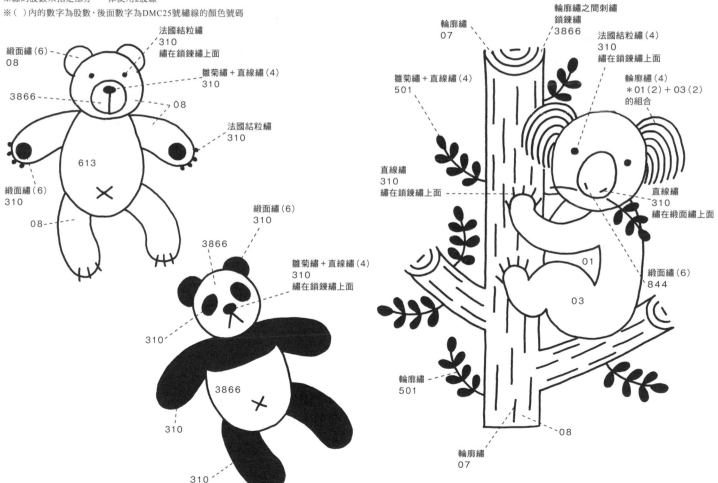

Pig's garden 小豬的庭院

Page.40

從植物的綠色部分繡起。
最後刺繡花部分的立體圖案。小豬先刺繡四隻腳和尾巴，
然後將豬身繡滿，再依耳朵、鼻子、眼睛的順序進行刺繡。

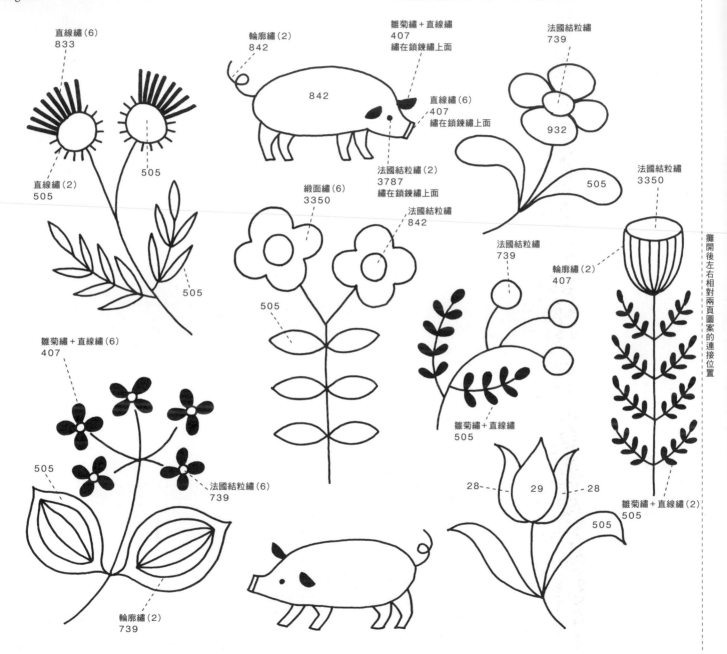

直線繡(6)
833

直線繡(2)
505

505

505

輪廓繡(2)
842

842

雛菊繡＋直線繡
407
繡在鎖鍊繡上面

直線繡(6)
407
繡在鎖鍊繡上面

法國結粒繡(2)
3787
繡在鎖鍊繡上面

法國結粒繡
739

932

505

法國結粒繡
3350

輪廓繡(2)
407

緞面繡(6)
3350

法國結粒繡
842

法國結粒繡
739

505

雛菊繡＋直線繡(6)
407

505

法國結粒繡(6)
739

雛菊繡＋直線繡
505

輪廓繡(2)
739

28   29   28

雛菊繡＋直線繡(2)
505

505

攤開後左右相對兩頁圖案的連接位置

72

◎DMC 25號繡線 — 505、739、833、932、3787、28、29、407、3350、842
※植物的莖，除了指定之外，一律以輪廓繡(2)505刺繡
※除了指定之外，一律進行鎖鍊繡(2)
※線的股數未指定部分，一律使用4股線
※( )內的數字為股數，後面數字為DMC25號繡線的顏色號碼

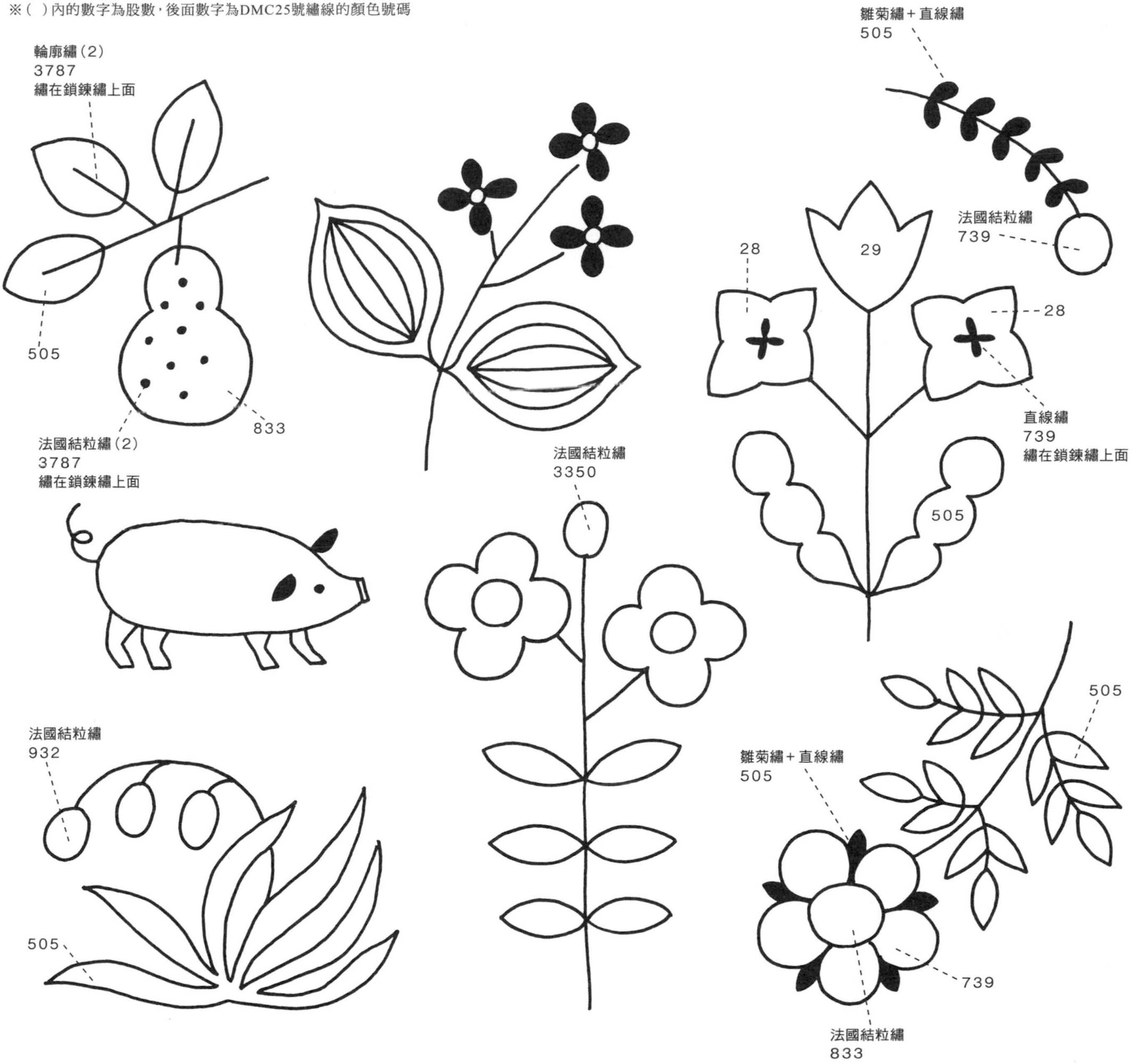

輪廓繡(2)
3787
繡在鎖鍊繡上面

505

833

法國結粒繡(2)
3787
繡在鎖鍊繡上面

法國結粒繡
3350

雛菊繡＋直線繡
505

法國結粒繡
739

28

29

28

直線繡
739
繡在鎖鍊繡上面

505

法國結粒繡
932

505

雛菊繡＋直線繡
505

505

739

法國結粒繡
833

攤開後左右相對兩頁圖案的連接位置

Zebra and cactus 斑馬與仙人掌

Page.42

斑馬身上的紋路，從黑色的鎖鍊繡開始刺繡。
接著以白色的鎖鍊繡填滿中間空隙。
繡好鎖鍊繡後，才刺繡鬃毛、尾巴。

◎DMC 25號繡線 — 310、3866、319、520
※除了指定之外，一律進行鎖鍊繡（3）
※線的股數未指定部分，一律使用3股線
※（　）內的數字為股數，後面數字為DMC25號繡線的顏色號碼

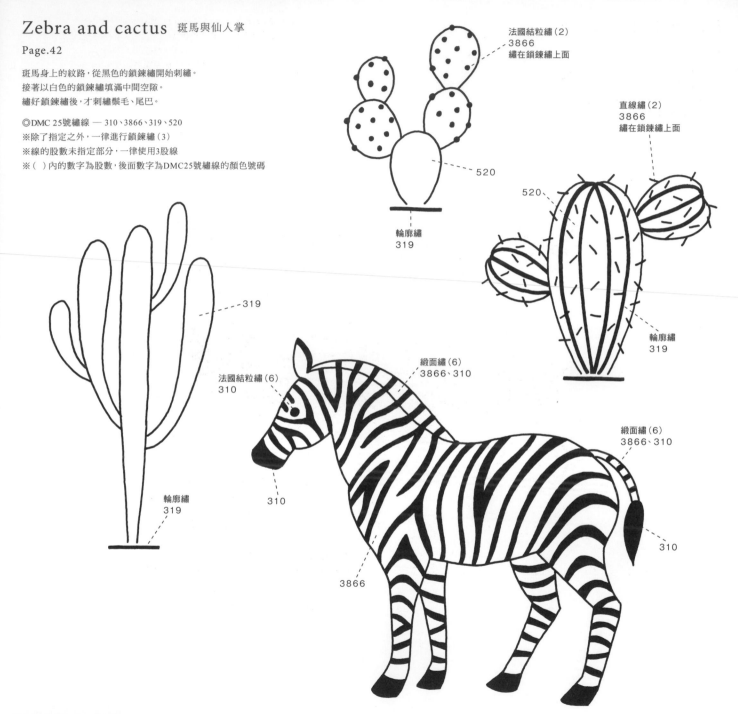

法國結粒繡（2）
3866
繡在鎖鍊繡上面

直線繡（2）
3866
繡在鎖鍊繡上面

520

520

輪廓繡
319

輪廓繡
319

319

輪廓繡
319

緞面繡（6）
3866、310

法國結粒繡（6）
310

310

緞面繡（6）
3866、310

310

3866

Lonely lion 寂寞的獅子

Page.43

先從眼睛繡起。中心以法國結粒繡刺繡後，
再以鎖鍊繡刺繡周邊一圈。
接著是鼻子的緞面繡部分，並進行鎖鍊繡部分。
依鬃毛、身體、尾巴的順序刺繡填滿。

◎DMC 25號繡線 — 3866、739、422、839、844、890、310
※除了指定之外，一律進行鎖鍊繡（2）
※線的股數未指定部分，一律使用6股線
※（ ）內的數字為股數，後面數字為DMC25號繡線的顏色號碼

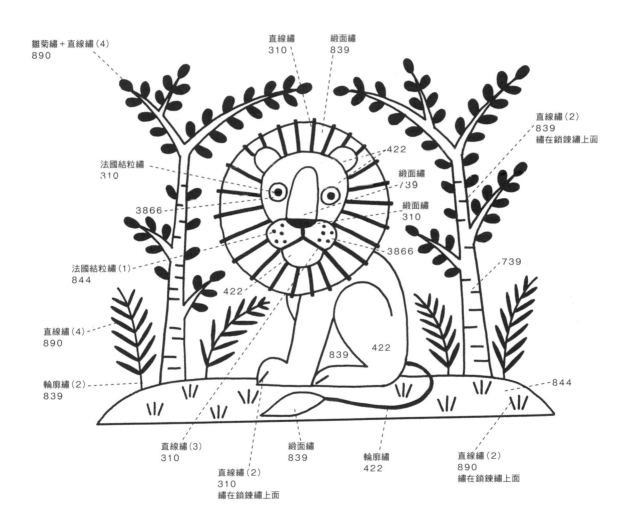

雛菊繡＋直線繡（4）
890

直線繡
310

緞面繡
839

直線繡（2）
839
繡在鎖鍊繡上面

法國結粒繡
310

422

緞面繡
739

3866

緞面繡
310

法國結粒繡（1）
844

3866

422

739

直線繡（4）
890

839

422

輪廓繡（2）
839

844

直線繡（3）
310

緞面繡
839

輪廓繡
422

直線繡（2）
890
繡在鎖鍊繡上面

直線繡（2）
310
繡在鎖鍊繡上面

Squirrel and acorns 松鼠與橡實

Page.44

從眼睛繡起。以法國結粒繡好眼珠後，
以輪廓繡細緻地繡滿周圍一圈。
尾巴使用2色繡線（p.55），為表現出毛順感
以直線繡隨機地刺繡。

◎DMC 25號繡線 — 918、3033、310、838、3864、3862、3787、640
※松鼠的眼珠以法國結粒繡（4）310、眼睛周邊以輪廓繡（2）3033、
　鼻子以直線繡（4）310細緻地刺繡
※除了指定之外，一律進行鎖鍊繡（2）
※線的股數未指定部分，一律使用2股線
※（　）內的數字為股數，後面數字為DMC25號繡線的顏色號碼

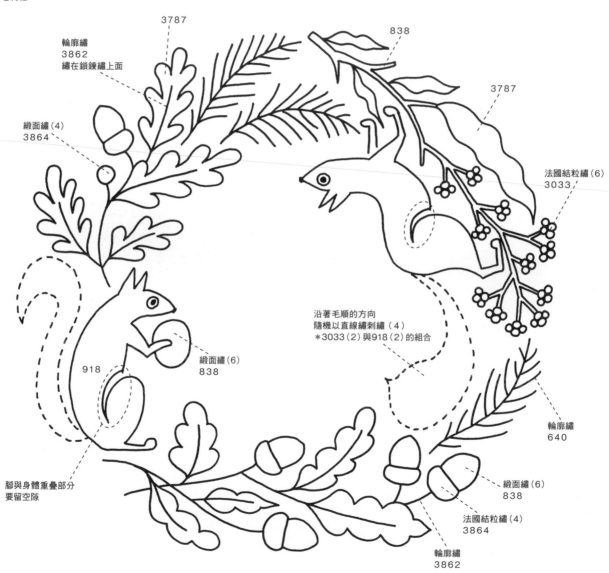

3787

輪廓繡
3862
繡在鎖鍊繡上面

838

3787

緞面繡（4）
3864

法國結粒繡（6）
3033

沿著毛順的方向
隨機以直線繡刺繡（4）
*3033（2）與918（2）的組合

918

緞面繡（6）
838

輪廓繡
640

腳與身體重疊部分
要留空隙

緞面繡（6）
838

法國結粒繡（4）
3864

輪廓繡
3862

76

Fox and grapes 狐狸與葡萄樹

Page.45

先從鎖鍊繡繡起。
從臉部開始刺繡，再依身體、腳的順序進行。
身體重疊的部分，留下約1mm的空隙。
最後刺繡容易繡壞的法國結粒繡。

◎DMC 25號繡線 — 3865、921、310、840、520、29
※狐狸的眼珠以法國結粒繡（4）、鼻子以緞面繡（4）刺繡，都是使用310號繡線在鎖鍊繡上面
※除了指定之外，一律進行鎖鍊繡（2）
※線的股數未指定部分，一律使用2股線
※（ ）內的數字為股數，後面數字為DMC25號繡線的顏色號碼

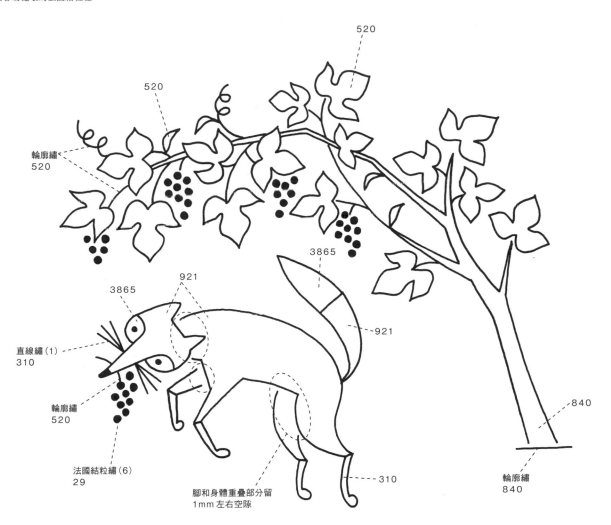

520

520

輪廓繡
520

3865

921

3865

直線繡（1）
310

輪廓繡
520

法國結粒繡（6）
29

腳和身體重疊部分留
1mm左右空隙

921

310

840

輪廓繡
840

Cow's waltz 乳牛華爾滋

Page.46

從臉部的鎖鍊繡繡起，鼻子、蹄的緞面繡
是覆蓋般刺繡在鎖鍊繡上面。最後完成牛的眼睛、耳朵。

◎DMC 25號繡線 — 310、3866、3864、761
※除了指定之外，一律進行鎖鍊繡（2）
※線的股數未指定部分，一律使用4股線
※（ ）內的數字為股數，後面數字為DMC25號繡線的顏色號碼

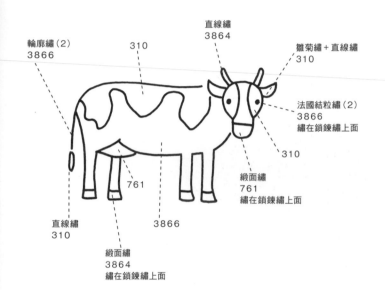

輪廓繡（2）
3866

310

直線繡
3864

雛菊繡＋直線繡
310

法國結粒繡（2）
3866
繡在鎖鍊繡上面

310

761

直線繡
310

緞面繡
761
繡在鎖鍊繡上面

3866

緞面繡
3864
繡在鎖鍊繡上面

Group of ducks 鴨群

Page.47

先繡滿鎖鍊繡部分吧！
接著以緞面繡刺繡鴨嘴。最後完成鴨子的眼睛、鼻子。

◎DMC 25號繡線 — 310、3865、648、733、08、3768、890
※除了指定之外，一律進行鎖鍊繡（2）
※線的股數未指定部分，一律使用2股線
※（ ）內的數字為股數，後面數字為DMC25號繡線的顏色號碼

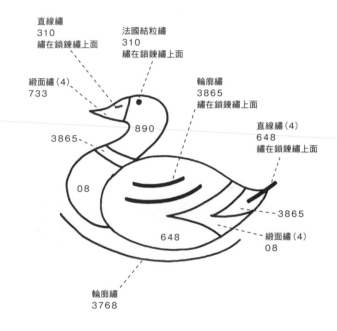

直線繡
310
繡在鎖鍊繡上面

法國結粒繡
310
繡在鎖鍊繡上面

緞面繡（4）
733

輪廓繡
3865
繡在鎖鍊繡上面

3865

890

直線繡（4）
648
繡在鎖鍊繡上面

08

3865

648

緞面繡（4）
08

輪廓繡
3768

Carpet of camel 駱駝絨毯

Page.48

難度稍高的圖案。先從絨毯的緞面繡繡起。
請勿將線繡歪地進行刺繡。
絨毯花紋的直線繡是覆蓋般地刺繡在鎖鍊繡上面。
繡好絨毯後，以鎖鍊繡隨機地填滿空隙。
可以先進行駱駝眼皮的緞面繡。
最後刺繡法國結粒繡。

◎DMC25號繡線 — 310、3031、3045、3777、3866、3799
※ 駱駝的眼睛、鼻子和嘴巴以直線繡（2）310繡在鎖鍊繡上面
※ 絨毯花紋的「○」是以法國結粒繡（4）、短線是以直線繡（4）刺繡
※ 除了指定之外，一律進行鎖鍊繡（2）
※（）內的數字為股數，後面數字為DMC25號繡線的顏色號碼

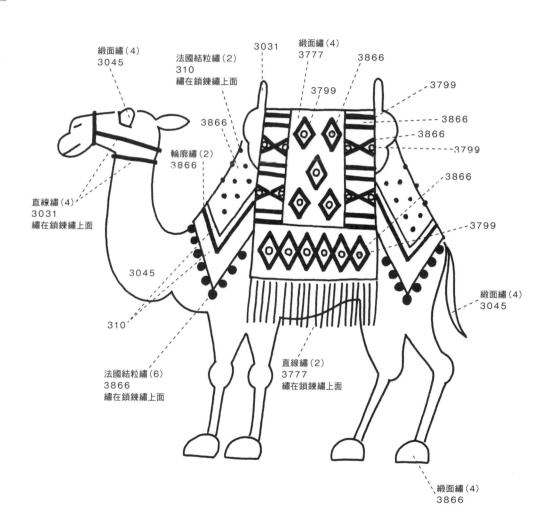

緞面繡（4）
3045

法國結粒繡（2）
310
繡在鎖鍊繡上面

3031

緞面繡（4）
3777

3866

3799

3799

3866

3866

3799

3866

輪廓繡（2）
3866

直線繡（4）
3031
繡在鎖鍊繡上面

3866

3799

3045

緞面繡（4）
3045

310

法國結粒繡（6）
3866
繡在鎖鍊繡上面

直線繡（2）
3777
繡在鎖鍊繡上面

緞面繡（4）
3866

Bear of the forest

斜背包

Page.6

完成尺寸
40×23cm（本體部分）

25號繡線
DMC 310、3033 — 各3束

材料
表布：亞麻布（苔綠色） 45×30cm — 2片
裡布：亞麻布（白色） 45×25cm — 2片
貼邊布：亞麻布（苔綠色） 45×15cm
肩帶布：亞麻布（苔綠色） 90×12cm
＊若想提升肩帶的強韌度，請燙貼布襯。
直徑7mm 押釦
（仿古銅色）—1組
車縫線（苔綠色） 適量

作法

1

如圖，以熨斗將肩帶布整燙成四摺，並車縫
兩邊。

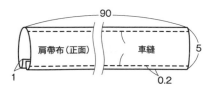

2

表布正面畫上刺繡圖案（p.92），進行刺繡。
表布以熨斗整燙，背面畫上紙型線（p.92），
周邊留1cm縫份後裁剪。另準備1片表布。

3

分別將貼邊布、裡布依下圖的尺寸畫上完成
線，周邊留1cm縫份後裁剪成2片。

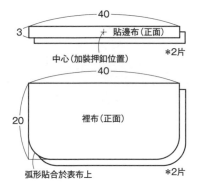

4

將3的貼邊布與裡布正面相對縫合，在貼邊布
正面縫上押釦。另一片作法相同。

5

將2的表布2片正面相對疊合，留下袋口、縫合
周邊。4的裡布2片留下返口後同樣縫合周邊。

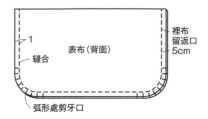

6

5的表布與裡布正面相對疊合，將1的肩帶夾入
兩邊的表袋與裡袋之間，並凸出4cm左右，迅
速地縫合袋口。

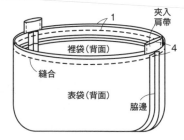

7

從返口翻回正面，以熨斗整燙外形，返口以コ
字縫縫合。從上方車縫固定兩脇邊的肩帶根
部。

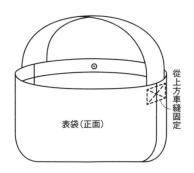

Bird's paradise

迷你包

Page. 7

完成尺寸
13×19cm

25號繡線
DMC 3768—6束

材料
表布：亞麻布（原色）　45×25cm
裡布1：亞麻布（原色）　15×25cm
裡布2：亞麻布（白色）　30×25cm
寬3mm亞麻緞帶（原色）　65cm
　＊緞帶邊加上喜歡的流蘇會更棒！
車縫線（原色）　適量

作法

1

表布正面畫上圖案（p.60-61），進行刺繡。表布以熨斗整燙，背面依下圖的尺寸畫上完成線，四邊留1cm縫份後裁剪。

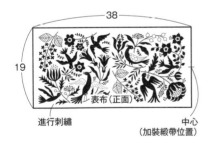

2

裡布依下圖的尺寸畫上完成線，四邊留1cm縫份後縫合。

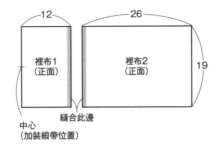

3

將2的裡布正面相對疊合，縫合一邊。以熨斗熨開縫份。

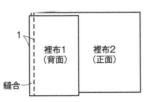

4

1的表布與3的裡布正面相對疊合，在加裝緞帶位置夾入緞帶，留下返口後迅速縫合四邊。。

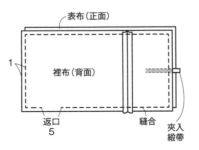

5

從返口翻回正面，以熨斗整燙外形，返口以ㄇ字縫縫合。

6

將與加裝緞帶位置相反的一邊，往內側摺13cm，以藏針縫縫合兩側。
＊也可以車縫縫合。

製作流蘇

材料
25號繡線 — 1束　　粗線 — 15cm

作法

1

繡線剪30cm左右，穿入針。粗線作出圈狀後打結固定。

2

將1的粗線夾在繡線的中央，以穿針的線裏捲固定繡線。將裏捲的線用力拉緊，針穿入中央。

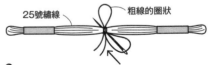

3

從中央將2的整束線對摺，距離摺處1cm位置再次以穿針的線裏捲，並以2步驟的要領固定。完成後剪成喜歡的長度。

Climbing monkey
帆布後背包（束口型背包）

Page. 13

完成尺寸
33×43cm（本體部分）

25號繡線
DMC 645、648、842、310、733、505、
739、611 — 各1束

材料
表布：亞麻布（淡灰色） 40×100cm
裡布：亞麻布（白色）40×100cm
吊耳布：亞麻布（淡灰色）8×8cm
　— 2片
寬7mm 麻媒縈繩（米色）150cm
　— 2條
　＊繩子的長度是孩童用尺寸。
車縫線（淡灰色） 適量

工具
穿繩器

作法

1
吊耳布以熨斗整燙並摺成四摺，車縫兩邊，再
對摺。縫製相同尺寸的吊耳2條。

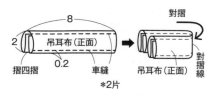

2
表布正面均衡的畫上圖案（p.62），進行刺
繡。表布以熨斗整燙，背面依下圖的尺寸畫上
完成線，四邊留縫份1cm後裁剪。也準備相同
尺寸的裡布。

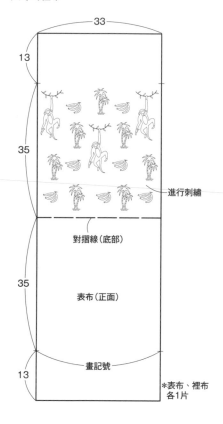

3
將2的表布正面相對對摺，1的吊耳夾入兩脇
邊下側部分，車縫至兩脇邊畫記號處。裡布
也同樣地縫合。

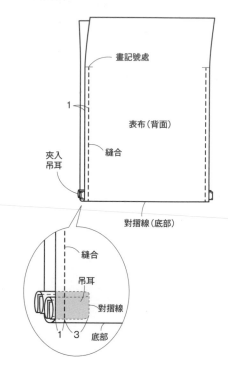

4
以熨斗熨開3表袋兩脇邊的縫份，翻回正面。
裡袋作法相同。

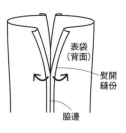

5

將裡袋裝入表袋後背面相對疊合，兩脇邊車縫固定。

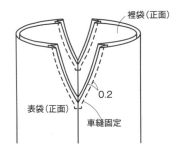

裡袋（正面）

0.2

表袋（正面）

車縫固定

6

將袋口邊向內側摺入1cm，以熨斗燙平，再摺入6cm後車縫布邊，製作出可穿過兩條穿繩的部分。另一邊也同樣地縫合。

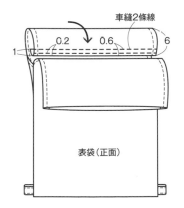

車縫2條線

0.2　0.6　6

1

表袋（正面）

7

繩子分別從左右穿入6的穿繩部分，也穿過下方的吊耳後打結。

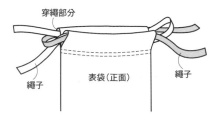

穿繩部分

繩子　表袋（正面）　繩子

Dancing rabbits
隔熱墊
Page. 15

<u>完成尺寸</u>
19×19cm

<u>25號繡線</u>
DMC 3031 — 2束
DMC ecru、739、3051、3777、823、830、
　　310 — 各1束

<u>材料</u>
表布：亞麻布(米色) 45×25cm
車縫線（米色） 適量
手工藝用棉 適量

<u>作法</u>

1

表布的正面畫上圖案（p.63），進行刺繡。表布以熨斗整燙，背面依下圖的尺寸畫上完成線，四邊留1cm縫份後裁剪。

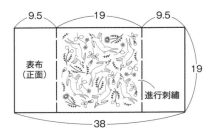

9.5　19　9.5

表布
（正面）　　　進行刺繡　19

38

2

表布正面相對對摺，留返口後縫合。以熨斗熨開縫份。

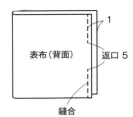

1

表布（背面）　返口 5

縫合

3

將2的縫線針腳調整移至中央，並縫合上下的布邊。

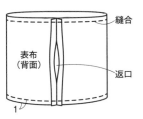

縫合

表布
（背面）

返口

1

4

從返口翻回正面，以熨斗整燙後，從返口塞入適量的手工藝用棉。返口以コ字縫縫合。。

Wild reindeer
簡單斜跨肩背包

Page. 17

完成尺寸
21×29cm（本體部分）

25號繡線
DMC ecru、926 — 各2股
DMC 08、310 — 各1條

材料
表布：亞麻布（黑色） 25×65cm
裡布：亞麻布（白色） 25×65cm
肩帶布：亞麻布（黑色） 110×4cm
車縫線（黑色） 適量

作法

1
如圖般以熨斗將肩帶布整燙、摺成四摺，兩邊車縫固定。

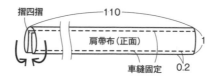

摺四摺　　　110
肩帶布（正面）　　　1
車縫固定　　0.2

2
表布的正面均衡的畫上圖案（p.64），進行刺繡。表布以熨斗整燙，背面依下圖的尺寸畫上完成線，四邊留縫份1cm後裁剪。裡布也以相同作法裁剪。

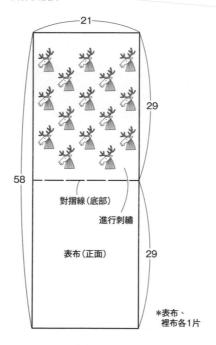

21
29
58
對摺線（底部）
進行刺繡
表布（正面）
29
＊表布、裡布各1片

3
2的表布正面相對對摺，縫合兩脇邊。以熨斗熨開縫份。裡布留返口，以相同作法縫合。

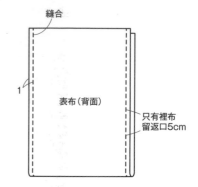

縫合
表布（背面）
1
只有裡布留返口5cm

4
將表袋裝入裡袋後正面相對疊合，1的肩帶夾入兩邊的表袋與裡袋之間，迅速地縫合袋口一圈。
＊肩帶部分進行數次的回針縫，以增加強度。

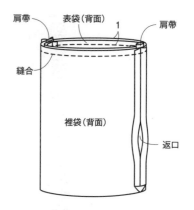

肩帶　　表袋（背面）　1　　肩帶
縫合
裡袋（背面）
返口

5
從返口翻回正面，以熨斗整燙外形，返口以ㄇ字縫縫合。

Sheep of black face

針線包

Page. 19

完成尺寸
10×8cm

25號繡線
DMC 310、712、3790 — 各1束

材料
表布：亞麻布（米色） 25×15cm
裡布：亞麻布（米色） 25×15cm
羊毛氈（咖啡色） 17×6.5cm
單面黏貼式襯棉 20×8cm
直徑1.5cm 木製鈕釦 — 1個
寬3mm 繩子（咖啡色） 6cm
車縫線（米色） 適量

作法

1
表布的正面畫上圖案（p.64），進行刺繡。表布以熨斗整燙，背面依下面的尺寸畫上完成線，四邊留縫份1cm後裁剪。裡布也以相同作法裁剪。

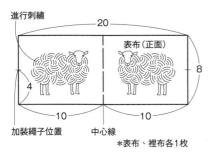

進行刺繡
20
表布（正面）
8
4
10　10
加裝繩子位置　中心線
＊表布、裡布各1枚

2
表布與裡布正面相對疊合，在加裝繩子位置夾入摺成兩摺的繩子，留返口後迅速地縫合一圈。將單面黏貼式襯棉的黏貼面鋪放在刺繡位置的背面，加上褶布後以熨斗整燙黏牢。
＊黏貼襯棉前，先將本體布的皺褶燙平。

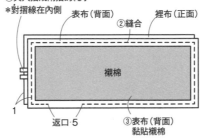

①夾入摺成兩摺的繩子
＊對摺線在內側
表布（背面）
②縫合
裡布（正面）
襯棉
1
返口·5
③表布（背面）黏貼襯棉

3
等2的熨斗整燙熱度冷卻、襯棉完全黏著後，從返口翻回正面，以熨斗整燙外形，返口以ㄇ字縫縫合。

4
羊毛氈以中心線為準，疊合在裡面（未刺繡一側）上，並車縫中心線。

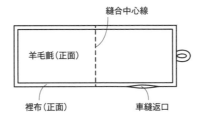

縫合中心線
羊毛氈（正面）
裡布（正面）　車縫返口

5
表布上加裝鈕釦。

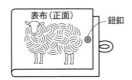

表布（正面）　鈕釦

Giraffe of savanna

香囊

Page. 21

完成尺寸
12×12cm

25號繡線
DMC 712、829、938、520、522、310
— 各1束

材料
表布：亞麻布（白色） 20×20cm — 2片
掛繩：DMC5號繡線（BLANC） 30cm
手工藝用棉 適量
喜歡的香草 適量
　＊事先以紗布等包好
車縫線（白色） 適量

作法

1
在表布1片的中央畫上圖案（p.65），進行刺繡後，以熨斗整燙。與另一片表布正面相對疊合，距刺繡周邊1cm處，留返門後迅速縫合。

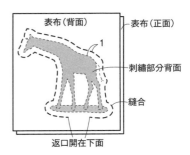

表布（背面）　表布（正面）
1
刺繡部分背面
縫合
返口開在下面

2
距縫線留縫份0.5cm左右，剪掉多餘的布，在縫份的弧形部分剪牙口，從返口翻回正面。從返口塞入手工藝用棉和喜歡的香草，返口以ㄇ字縫縫合。加裝上掛繩。

Cheetah in jungle

迷你托特包

Page. 23

完成尺寸
18×18cm（本體部分）

25號繡線
DMC 3371、833、3046、869、890、520、
 3687、543 — 各1束

材料
表布：亞麻布（淡粉紅色） 25×40cm
裡布：亞麻布（白色） 25×40cm
提把布：亞麻布（淡粉紅色） 30×4cm
 — 2片
車縫線（淡粉紅色） 適量

作法

1

提把布以熨斗整燙、摺成四摺，兩邊車縫固
定。製作2條相同的提把。

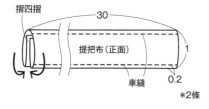

摺四摺　　30
提把布（正面）　　1
車縫　　0.2
*2條

2

表布的正面畫上圖案（p.66），進行刺繡。表
布以熨斗整燙，背面依下面尺寸畫上完成線，
四邊留縫份1cm後裁剪。裡布也以相同作法裁
剪。

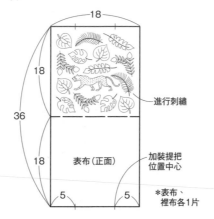

18
18
36
18
進行刺繡
表布（正面）
加裝提把
位置中心
5　　5
*表布、
裡布各1片

3

2的表布正面相對對摺，縫合兩脇邊。裡布留
返口，以相同作法縫合。
＊製作要領與p.84的步驟3相同。

4

將表袋裝入裡袋正面相對疊合，1的提把夾入
表袋與裡袋之間，迅速縫合袋口一圈。
＊提把部分進行數次的回針縫，以增加強度。

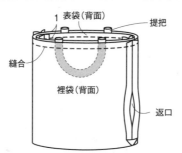

1 表袋（背面）　　提把
縫合
裡袋（背面）
返口

5

從返口翻回正面，以熨斗整燙外形，返口以コ
字縫縫合。

Cat's face

問候卡

Page. 25

完成尺寸
8.5×8.5cm

25號繡線
＊灰色的貓
DMC 310、733、648、645 — 各1束

材料
表布：亞麻布（淡灰色） 15×15cm
表紙：厚紙（淡灰色） 8.5×17cm
中紙：厚紙（淡灰色） 7.5×7.5cm
雙面膠（薄型） 適量

作法
在表布正面畫上圖案（p.67），進行刺繡後，
以熨斗整燙。將依紙型（p.95）裁剪下來的表
紙對摺，以裁紙刀挖出貓形。像從孔洞中窺視
刺繡般地疊合，將多餘的布裁剪得比中紙略
小，使用雙面膠，將刺繡布夾在中紙與表紙之
間。

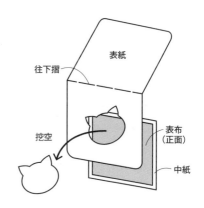

表紙
往下摺
挖空
表布
（正面）
中紙

Dogs and bones

托特包

Page. 27

<u>完成尺寸</u>
30×20×側身8cm（本體部分）

<u>25號繡線</u>
DMC 3865 — 2束
DMC 3799、801、829、07、08 — 各1束

<u>材料</u>
表布：亞麻布（淺棕色） 35×55cm
裡布：亞麻布（白色） 35×45cm
貼邊布：亞麻布（淺棕色） 35×15cm
提把布：亞麻布（淺棕色） 35×10cm — 2片
車縫線（淺棕色） 適量

<u>作法</u>

1

如圖般將提把布以熨斗整燙、摺成四摺，兩布邊進行車縫。製作2條。

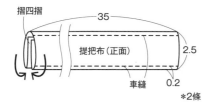

2

表布的正面畫上圖案（p.93），進行刺繡。表布以熨斗整燙，背面畫上紙型線（p.93），周邊留縫份1cm後裁剪。

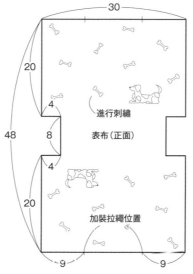

3

貼邊布、裡布分別依下圖的尺寸畫上完成線，周邊留縫份1cm後裁剪。貼邊布裁剪2片。

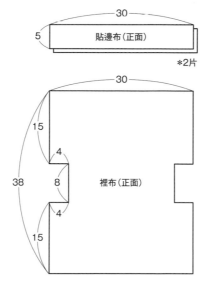

4

貼邊布正面相對疊合在裡布上下的袋口位置上，分別縫合。表布正面相對對摺，縫合兩脇邊。裡布也將貼邊布攤開，並留下返口後同樣地縫合兩脇邊。

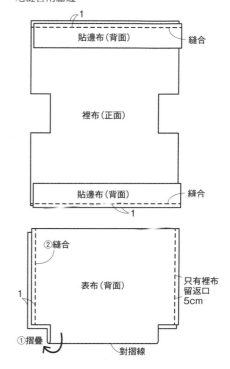

5

表袋的兩脇邊縫份以熨斗熨開，將脇邊與底部布邊疊合後縫合。裡袋作法相同。

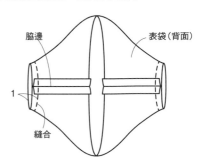

6

將表袋放入5的裡袋裡正面相對疊合，表袋與裡袋之間夾入1的提把，迅速地縫合袋口一圈。從返口翻回正面，以熨斗整燙外形，返口以ㄈ字縫縫合。

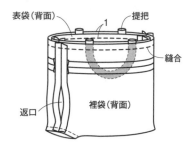

表袋（背面）　提把
1
縫合
返口　裡袋（背面）

Horse chess
胸針

Page. 29

<u>完成尺寸</u>
3×5.5cm

<u>25號繡線</u>
＊馬（咖啡色）
DMC 3031、829、310 — 各1束
＊馬（白色）
DMC 02、03、310 — 各1束

<u>材料　1件的用量</u>
表布：亞麻布（黑色）　15×15cm — 2片
胸針用別針（金色）— 1個
手工藝用棉　適量
車縫線（黑色）　適量

作法

1

表布1片中央畫上圖案（p.68）後進行刺繡。刺繡好後以熨斗整燙。與另一片表布正面相對疊合，距刺繡圖案周邊0.5cm處，留下返口後迅速地車縫一圈。

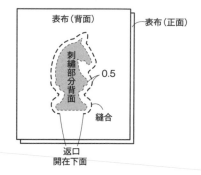

表布（背面）　　表布（正面）
刺繡部分背面　0.5
縫合
返口
開在下面

2

距車縫線留下0.5cm的縫份，剪掉多餘的布，在縫份的弧形處剪牙口，從返口翻回正面。

3

從返口塞入手工藝用棉，返口以ㄈ字縫縫合。在裡側加裝胸針用別針。

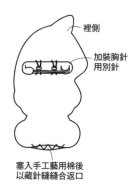

裡側
加裝胸針用別針
塞入手工藝用棉後以藏針縫縫合返口

Night wolf
圓型束口袋

Page. 31

<u>完成尺寸</u>
25×25cm（本體部分）

<u>25號繡線</u>
DMC 319 — 2束
DMC 3768、733、3790 — 各1束

<u>材料</u>
表布：亞麻布（水藍色）　55×30cm
裡布：亞麻布（白色）　55×30cm
穿繩器部分布：亞麻布（水藍色）　25×15cm
肩帶布：亞麻布（水藍色）　110×4cm
寬3mm圓繩（水藍色）80cm — 2條
車縫線（水藍色）　適量

<u>工具</u>
穿繩器

作法

1

如圖般以熨斗將肩帶布整燙、摺成四摺，兩布邊進行車縫。

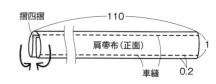

摺四摺　　110
肩帶布（正面）　　1
車縫　0.2

2

穿繩部分布，四邊留縫份1cm後裁剪成2片。
摺疊短邊兩端的縫份，進行車縫，再對摺。

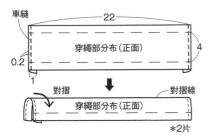

3

表布的正面畫上圖案（p.94），進行刺繡。表
布以熨斗整燙，背面畫上紙型線（p.94），周
邊留縫份1cm後裁剪。準備另一片表布。裡布
也以相同尺寸裁剪2片。

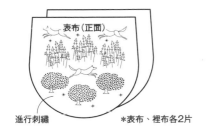

4

3的表布2片正面相對疊合，留袋口後縫合周
邊。裡布也留返口後同樣地縫合。在弧形縫份
部分剪牙口。

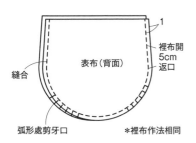

5

在4的裡袋裝入表袋正面相對疊合，中間分別
夾入2的穿繩部分2片，對摺線朝下方夾入，
兩脇邊分別夾入1的肩帶布後，迅速地縫合袋口一
圈。

＊肩繩部分進行回針縫，加強穩定度。

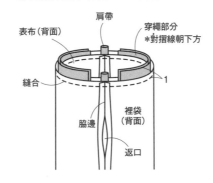

6

從返口翻回正面，以熨斗整燙，返口以コ字縫
縫合。

7

將繩子從左右分別穿入穿繩部分，繩頭打結。

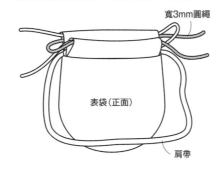

Owl and moon
御守袋

Page.33

完成尺寸
7×11cm

25號繡線
DMC 3865、834、07、08、3371、310
　一各1束

材料
表布：亞麻布（白色）　15×15cm — 2片
寬6mm亞麻布（亮金色）　15cm — 2條
車縫線（白色）　適量

作法

1

表布的正面畫上圖案（p.69、95），進行
刺繡。表布以熨斗整燙，背面畫上紙型線
（p.95），周邊留縫份1cm後裁剪。以相同作
法製作另一片布。

2

表布的袋口朝裡側摺兩摺，車縫固定。另一片
作法相同。

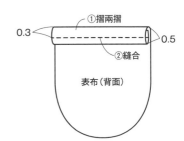

3

2片表布正面相對疊合，將2條緞帶重疊夾入加裝緞帶位置，留下袋口後縫合周邊。留0.5cm、剪掉多餘的縫份，在縫份的弧形部分剪牙口，翻回正面。

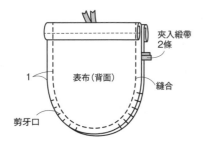

夾入緞帶
2條

1

表布(背面)

縫合

剪牙口

4

以熨斗整燙外形，距布邊0.3cm左右處的內側車縫固定。
＊也可以手縫方式縫合。

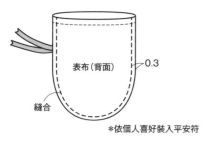

表布(背面)

0.3

縫合

＊依個人喜好裝入平安符

Elephant circus
三角旗

Page.35

完成尺寸
寬12×高12cm

25號繡線
DMC 22、712、646、310 — 各1束

材料　1個的用量
表布：亞麻布（白色）　15×30cm
1cm 大小的鈴鐺（銀色）— 1個
細繩：DMC5號繡線（BLANC）40cm
　　— 2股
手縫線（與布料同色）　適量
車縫線（白色）　適量

作法

1

表布的正面畫上圖案（p. 95），進行刺繡。表布以熨斗整燙，背面畫上紙型線（p.95），四邊留縫份1cm後裁剪。

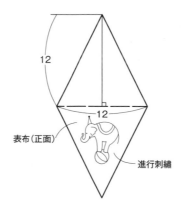

12

12

表布(正面)

進行刺繡

2

表布正面相對對摺，留返口後縫合兩邊。從返口翻回正面，以熨斗整燙外形，返口以コ字縫縫合。

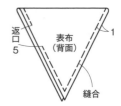

返口
5

表布
(背面)

1

縫合

3

以手縫線，將鈴鐺縫在旗子下方的尖端上。依個人喜好縫製相同的旗子數枚，以手縫線縫合銜接，兩端加上細繩。

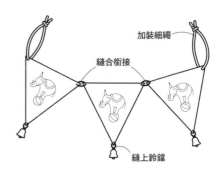

加裝細繩

縫合銜接

縫上鈴鐺

Deer emblem
剪刀套
Page. 37

完成尺寸
10×13cm

25號繡線
DMC ecru、829、500、3031、407
　一各1束

材料
表布：亞麻布（深灰色）　15×25cm
裡布：亞麻布（深灰色）　15×25cm
單面黏貼式布襯　15×25cm
保護布：羊毛氈（黑色）　5×10cm
寬3mm雙面棉絨緞帶（黑色）　20cm — 2條
車縫線（深灰色）　適量
手工藝用黏著劑

作法
1
表布的正面畫上圖案（p.70），進行刺繡。表
布以熨斗整燙，背面畫上紙型線（p.70），周
邊留縫份1cm後裁剪。以相同作法裁剪另一片
表布及2片裡布。

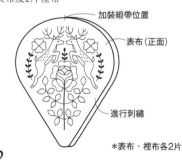

- 加裝緞帶位置
- 表布（正面）
- 進行刺繡
- ＊表布、裡布各2片

2
表布與裡布正面相對疊合，中央夾入1條緞
帶，留下返口後迅速縫合周邊。在縫份弧形部
分剪牙口。另一組也以相同作法製作。將依紙
型裁好的黏貼式襯棉的黏貼面與表布的刺繡背
面疊合，加上檔布後從上方以熨斗壓燙黏牢。

另一組也以相同作法黏貼襯棉。
＊貼襯棉前，要先將本體布的皺褶拉平整。

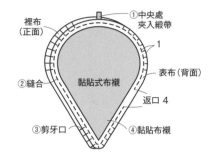

- 裡布（正面）
- ①中央處夾入緞帶
- 1
- 表布（背面）
- ②縫合
- 黏貼式布襯
- 返口 4
- ③剪牙口
- ④黏貼布襯

3
2靜置到熨斗的熱度冷卻、襯棉完全黏牢後，
從返口翻回正面，以熨斗整燙外形，返口以コ
字縫縫合。剪成小塊的羊毛氈以手工藝用黏著
劑黏在裡布側。
＊羊毛氈是為了保護剪刀。若使用皮革，可增
　加強度。

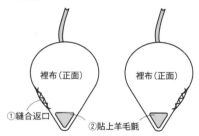

- 裡布（正面）
- ①縫合返口
- 裡布（正面）
- ②貼上羊毛氈

4
等黏著劑乾了之後，將2片裡布疊合，從記號
位置以藏針縫迅速地縫合成袋狀。
＊建議進行車縫。

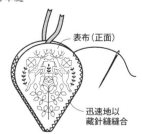

- 表布（正面）
- 迅速地以藏針縫縫合

Teddy bear and panda
書籤
Page.39

完成尺寸
7×8cm

25號繡線
DMC 3866、613、08、310 — 各1束

材料
表布：亞麻布（白色）　15×15cm — 2片
寬4mm絲光緞帶（satin ribbon）（紅色）
15cm
手縫線（白色）　適量

作法
在1片表布的中央畫上圖案（p.71），進行刺
繡。刺繡好後以熨斗整燙。與另一片表布背面
相對疊合，夾入對摺的緞帶後，距刺繡周邊
0.5cm處以繡線（白色）迅速地進行平針縫。
距刺繡處約1cm左右裁剪。
＊外形請依個人喜好製作完成。

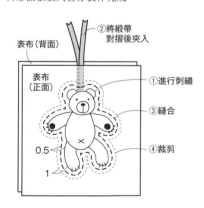

- 表布（背面）
- ②將緞帶對摺後夾入
- 表布（正面）
- ①進行刺繡
- ③縫合
- ④裁剪
- 0.5
- 1

＊裁剪時注意不要剪到緞帶。
　以鋸齒狀剪刀裁剪也很棒。

Bear of the forest
斜背包

Page.80

◎放大220%
◎繡法請參考p.58

表布2片

Dogs and bones
托特包
Page.87

◎放大160%
◎繡法請參考p.68

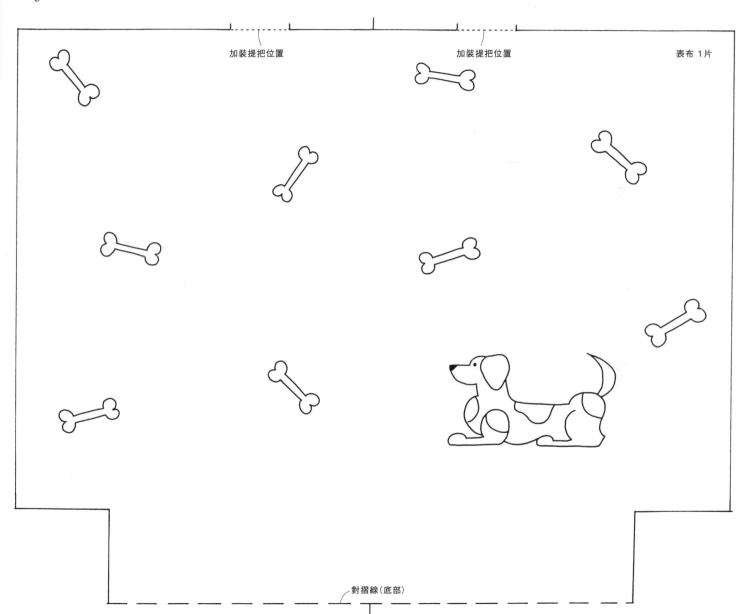

加裝提把位置　　　　　　　　　　　加裝提把位置　　　　　　　　　表布 1 片

對摺線(底部)

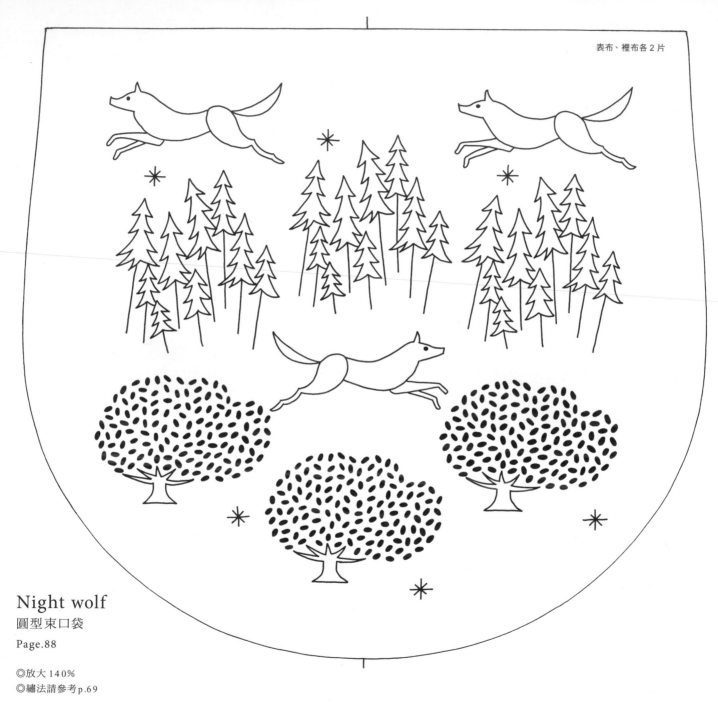

表布、裡布各 2 片

Night wolf
圓型束口袋

Page.88

◎放大 140%
◎繡法請參考 p.69

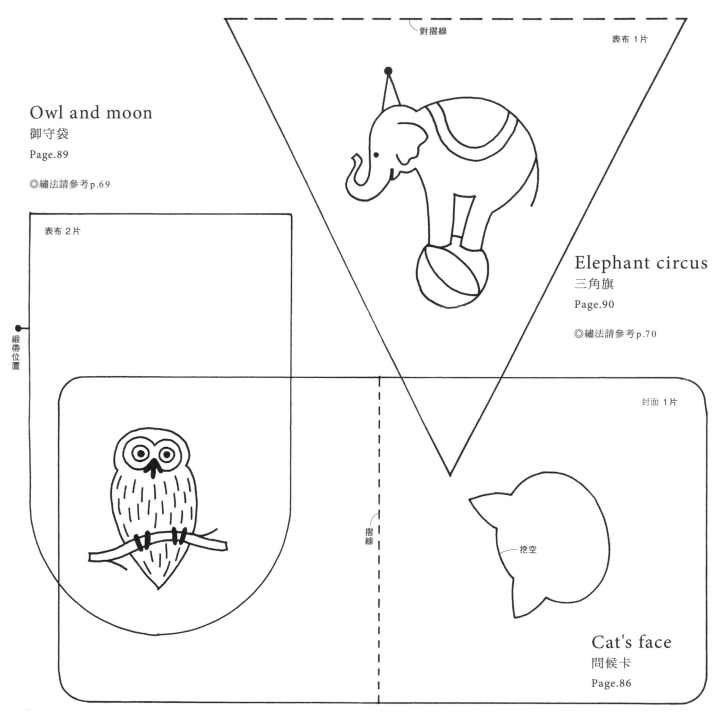

Owl and moon
御守袋
Page.89

◎繡法請參考p.69

表布 2 片

緞帶位置

對摺線

表布 1 片

Elephant circus
三角旗
Page.90

◎繡法請參考p.70

封面 1 片

摺線

挖空

Cat's face
問候卡
Page.86

愛│刺│繡│28

樋口愉美子的動物刺繡圖案集

作　　　　者╱樋口愉美子
譯　　　　者╱夏淑怡
發　行　人╱詹慶和
執　行　編　輯╱黃璟安
編　　　　輯╱蔡毓玲・劉蕙寧・陳姿伶
執　行　美　編╱陳麗娜
美　術　編　輯╱周盈汝・韓欣恬
出　版　者╱雅書堂文化事業有限公司
發　行　者╱雅書堂文化事業有限公司
郵 政 劃 撥 帳 號╱18225950
戶　　　　名╱雅書堂文化事業有限公司
地　　　　址╱220新北市板橋區板新路206號3樓
電 子 信 箱╱elegant.books@msa.hinet.net
電　　　　話╱(02)8952-4078
傳　　　　真╱(02)8952-4084

2021年9月初版一刷　定價380元

HIGUCHI YUMIKO NO DOUBUTSU SHISHU

Copyright © Yumiko Higuchi 2019

All rights reserved.

Original Japanese edition published in Japan by EDUCATIONAL FOUNDATION

BUNKAGAKUEN BUNKA PUBLISHING BUREAU

Traditional Chinese edition copyright ©2021 by Elegant Books Cultural Enterprise Co.,Ltd.

Chinese (in complex character) translation rights arranged with EDUCATIONAL FOUNDATION BUNKA GAKUEN BUNKA PUBLISHING BUREAU

through Keio Cultural Entetprise Co., Ltd.

經銷╱易可數位行銷股份有限公司
地址╱新北市新店區寶橋路235巷6弄3號5樓
電話╱(02)8911-0825
傳真╱(02)8911-0801

國家圖書館出版品預行編目資料

樋口愉美子的動物刺繡圖案集／樋口愉美子著；
夏淑怡譯. -- 初版. -- 新北市：雅書堂文化事業
有限公司, 2021.09
　面；　公分. --（愛刺繡；28）
ISBN 978-986-302-597-9（平裝）

1. 刺繡 2. 手工藝

426.2　　　　　　　　　　　110014020

樋口愉美子

出生於1975年。自多摩美術大學畢業後，以手作包設計師身分活動。在商店進行作品販售、作品展後，自2008年起以刺繡作家身分開始活動。以植物、昆蟲等生物為主題製作發表創意刺繡。著有《1色刺繡與小型雜貨》、《以2色享受刺繡生活》、《樋口愉美子的STITCH 12個月》、《刺繡與口金包》、《樋口愉美子的刺繡時間》（均由文化出版局出版）。《口金包の美麗刺繡設計書》繁體中文版由雅書堂文化出版。
http://yumikohiguchi.com/

原書製作團隊

發行者　　　濱田勝宏
書籍設計　　塚田佳奈（ME&MIRACO）
攝影　　　　砂原 文（p.2-51）、村尾香織
造型　　　　前田かおり
髮型　　　　オオイケユキ
模特兒　　　アレック・ヘルムス（Sugar&Spice）
繪圖&DTP　　WADE手芸制作部
校對　　　　向井雅子
編輯　　　　土屋まり子（スリーシーズン）
　　　　　　田中 薫（文化出版局）